鬼谷说

不可思议的古生物

脊索动物篇 下

鬼谷藏龙 著

长江出版传媒 | 长江文艺出版社

图书在版编目（CIP）数据

鬼谷说：不可思议的古生物. 脊索动物篇. 下 / 鬼
谷藏龙著. -- 武汉：长江文艺出版社，2023.4(2023.5 重印)
ISBN 978-7-5702-2725-9

Ⅰ. ①鬼… Ⅱ. ①鬼… Ⅲ. ①古生物学－普及读物②
古动物－半索动物－普及读物③古动物－脊椎动物门－普
及读物 Ⅳ. ①Q91-49②Q911.726.3-64

中国国家版本馆 CIP 数据核字(2023)第 040414 号

鬼谷说：不可思议的古生物. 脊索动物篇. 下
GUIGUSHUO : BUKESIYI DE GUSHENGWU.　JISUODONGWU PIAN. XIA

丛书策划：陈俊帆

责任编辑：杨　岚　王天然　　　　　　责任校对：毛季慧

封面设计：袁　芳　　　　　　　　　　责任印制：邱　莉　胡丽平

出版：长江出版传媒 | 长江文艺出版社

地址：武汉市雄楚大街 268 号　　　　　邮编：430070

发行：长江文艺出版社

http://www.cjlap.com

印刷：湖北新华印务有限公司

开本：720 毫米×920 毫米　　　　1/16　　印张：5

版次：2023 年 4 月第 1 版　　　　2023 年 5 月第 2 次印刷

字数：33 千字

定价：135.00 元（全六册）

目录

前言

地球生命历史约40亿年，在约8亿年前，出现了最早的动物，而在5亿多年前，世界迎来了寒武纪大爆发，形成今天动物世界的雏形。仔细想来，这真是一首无比波澜壮阔的史诗。午夜梦回，我仰望星空，总会忍不住感慨，在这同一片星空之下，亿万斯年间，曾经有多少生灵来来去去，它们的故事必定也会让人心潮澎湃。

于是我做了一个决定，效法史迁究天人之际、通古今之变、终成一家之言，将我对于古生物学的一点浅见，付诸些许文献检索的辛劳，也为过去亿万年间之地球生灵撰写一部纪传体史书。在书写过程中，我的思绪也会经由查阅的资料回到那激荡的岁月，我仿佛看到昆明鱼在浑浊的浅海中一往无前，看到"角石"（注：为了和现代鹦鹉螺区分，本书中早期有外壳头足类都笼统称为角石。在其他材料中，这些角石也可能被称作鹦鹉螺。）张开腕足震慑四海，看到海蝎纵横来去，看到泥淖之中的提塔利克鱼，看到巨树之巅的巨脉蜻蜓，看到末日之下的二齿兽，看到兽族起于灰烬，看到恐龙横行天下，看到人类王者降临。

我不由自主地将感情注入了这些远古生灵之中，希望各位读者也能在字里行间看到我脑海中曾经涌现的盛景，跟着我的思绪亲密接触这万古生灵，一起欣赏伟大的动物演化史诗。

如果穿越到5亿多年前的寒武纪，没有人相信这么一群游泳滤食的小蠕虫有朝一日会成为演化的巨人，然而苟且偷生的处境之下，脊椎动物却在布局着一盘大棋，终于有一天，它们带着势不可挡的威压征服世界，加冕为王，从此再无敌手。

作者简介:

鬼谷藏龙,原名唐骋,中国科学院脑科学与智能技术卓越创新中心博士,上海科普作家协会会员,B站知名知识类UP主(ID:芳斯塔芙)。

从2014年起从事关于神经科学、基因编辑、科学史和古生物领域的科普,撰写了科普文章100余篇。曾参与编写《大脑的奥秘》,翻译《科学速读脑内新世界》;在B站开设账号"芳斯塔芙",目前拥有超过300万粉丝,视频累计播放量约3亿。曾获B站第三届"新星计划"奖,B站2019年、2020年、2022年百大UP主,2019年"科学3分钟"全国科普微视频大赛特等奖,被评为网易2021年度影响力创作者。

画师简介:

夜蓝啊夜蓝,一名梦想用漫画做科普的插画师。著有搞笑漫画《天演论》等。

专家团队简介:

方翔，中国科学院南京地质古生物研究所副研究员，硕士生导师。主要从事早古生代地层及头足动物的研究，在奥陶纪地层划分对比、寒武纪－志留纪头足类系统古生物学、生物古地理学等方面取得重要成果。

历年来与英国、德国、芬兰、瑞士、澳大利亚、泰国等国学者有密切的合作研究。主持国家自然科学基金委、中国地质调查局等多项课题。

孙博阳，中国科学院古脊椎动物与古人类研究所古哺乳动物研究室副研究员，从事晚新生代哺乳动物演化研究。

朱幼安，中国科学院古脊椎动物与古人类研究所副研究员，入选中国科学院"百人计划"青年项目。主要研究方向为颌起源及有颌鱼类早期演化，相关成果对脊椎动物"从鱼到人"演化之树重要节点的认识产生重要影响。

王海冰，中国科学院古脊椎动物与古人类研究所副研究员，主要从事中生代哺乳动物系统演化方面的研究工作。

目标陆地
肉鳍鱼

曾经有一位老师跟我说过，每个人都一定会有一个属于他的位置。这句话我一直铭记在心，并最终促使我走上了科学传播道路。

而同样的，也有那么一个动物类群，它们在相当长的时间里颠沛流离，体会过世事无常，品啜（chuò）过世态炎凉，直到它们找到了那个命中注定的位置。

故事还要从云南曲靖的那片浅海说起。也正是在那片海域，鱼类完成了最初的辐射适应，第一次称霸。

最初崛起的鱼类当中有一个熟悉而意外的身影，叫作梦幻鬼鱼，一切特征都表明，它正属于我们这个星球上目前最为繁盛的脊椎动物类群——硬骨鱼类。

我们目前所知的绝大多数鱼类和包括你我所在的一切陆地脊椎动物都属于硬骨鱼类演化支。原本我们一直以为硬骨鱼是鱼类出现很久后才诞生的所谓较高等的动物，但是梦幻鬼鱼却和最早的有颌鱼类，比如初始全颌鱼等的生存时代非常接近。它宛如一个梦幻的鬼魅一般出现在了意外的时空当中，告诉我们，其实硬骨鱼类也是有颌鱼类中一个非常古老的分支。

而之后的一些发现更是逐渐揭露出一段不可思议的尘封真相。

在4.23亿年前，志留纪出现的钝齿宏颌鱼是目前已知最早的顶级掠食性鱼类。它们的化石虽然很不完整，但可以肯定它也属于硬骨鱼类，那么，我们硬骨鱼类还真可算是脊椎动物的王道正统了。

虽说名为硬骨鱼吧，但是早期的硬骨鱼非常名不副实，它们体内大部分骨骼和今天的鲨鱼一样是软骨。非要说当时的硬骨鱼有啥特别之处，那就是硬骨鱼发展出了一个叫作鱼鳔的器官。

早期的鱼鳔直接和咽腔相通，鱼类可以由此浮到水面上吸取空气存储其中。鱼鳔附近的肌肉和血管可以改变鱼鳔的体积，由此改变整条鱼的身体密度，从而让硬骨鱼可以不那么费力地上浮下潜。

鬼谷说

特别解释一下，在早期，硬骨鱼中相对比较繁盛的一支正是我们所属的肉鳍鱼类。

3

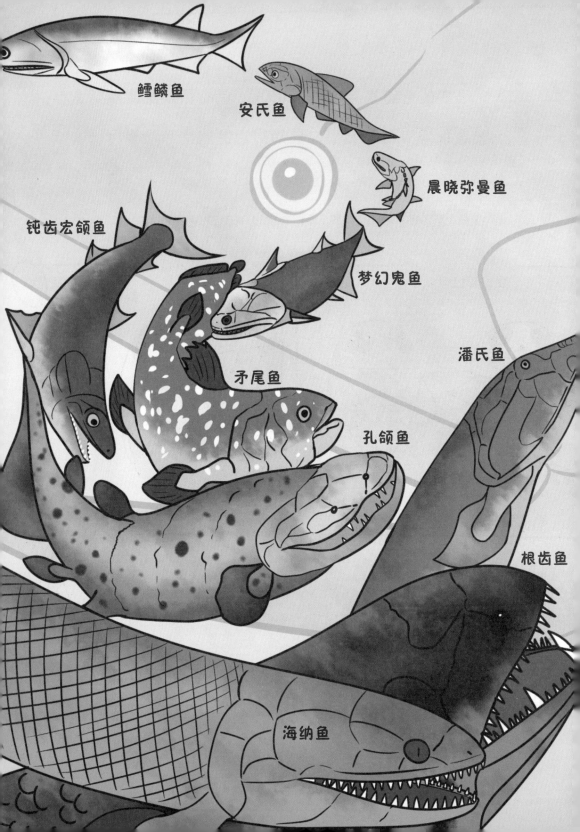

鳕鳞鱼

安氏鱼

晨晓弥曼鱼

钝齿宏颌鱼

梦幻鬼鱼

潘氏鱼

矛尾鱼

孔颌鱼

根齿鱼

海纳鱼

正如之前所说，鱼类很快便不再满足于在云南割据一方，它们开始向着全世界扩散，并如摧枯拉朽般迅速打翻了一个旧世界。

在征服世界的过程中，鱼类的各大分支也可谓是各显神通。

对战剑戟森森的海蝎子，自备铜墙铁壁的盾皮鱼类可谓战无不胜；追杀急速飞驰的菊石，轻装上阵的软骨鱼类亦是无往不利；排挤海洋中的小型无脊椎动物与甲胄鱼类，身形小巧的棘鱼自然当仁不让。

当各路鱼类都在各自的优势领域大肆拓土开疆的时候，肉鳍鱼却发现自己处在一个相当尴尬的位置上。肉鳍鱼类的身体构造对它们成为顶级猎食者非常有利，可是后发崛起的盾皮鱼类却早对它们形成了绝对的碾压之势。

上不去，下不来，左支右绌的生存环境，使得肉鳍鱼类在海洋里处处碰壁。经过数千万年的演化，最终脱颖而出的是一支被称为腔棘鱼的类群。它们的身体构造

极端四平八稳，几乎就是为了在夹缝中寻找生存空间而设计的。而这也近乎毁灭了它们的演化潜力，让腔棘鱼变成了脊椎动物中外形变化最为保守的类群，将近4亿年来外形鲜有变化，简直是活化石中的极品。

然而，有的时候，逃避不但不可耻，反而会让你迎来真正的转机。早在泥盆纪初期，有那么一支肉鳍鱼类逃离了海洋的重重压力，却也因此找到了自己命中注定的生态位——淡水。

咄咄怪事！明明我肉鳍鱼类才是最初的霸主，有如此优渥的开局，如今又有脊椎动物万里开疆的绝佳历史机遇。但是有谁能料，我得了天下，却失去了自己的藏身之处。哎，造化弄人。

可能是因为淡水中缺乏构建盔甲所需的矿物质，所以其中几乎没什么特别大型的盾皮鱼类，很多淡水河湖中甚至还依旧是板足鲎在当家做主，这情形对于肉鳍鱼类来说，顶层掠食者的宝座基本上属于送上门来了。

此外，有一些软骨鱼和棘鱼早已先一步迁徙到淡水之中，它们大多是食物链中低层的温和动物。这就为肉鳍鱼类提供了充足的食物资源。

来吧，我肉鳍鱼类不能在海洋中立足，那我就要在淡水中称霸。

落魄的王终究也是王，肉鳍鱼的体形与咬合力还是明晃晃地摆在那的，一批肉鳍鱼迅速击败了淡水中的海蝎子和其他鱼类，一举成为淡水中的顶级掠食者。生活在3.6亿年前泥盆纪末的海纳鱼体长可达3米左右，重约两吨，它们当时捕猎淡水鲨鱼的事迹至今为人津津乐道。

　　话说早期的鲨鱼，确切点是软骨鱼也确实有点"衰"。它们在海洋里被盾皮鱼各种虐，在淡水里被肉鳍鱼各种吃，我总觉得鲨鱼后来变身凶残的顶级掠食者都是被逼出来的。

　　言归正传，在淡水里称霸一时爽，但是淡水不会让你一直爽。

　　在泥盆纪后期，陆地植物越来越繁盛，它们的根系和真菌勾搭在一起，把地下的养分通通搜刮了出来。可是它们既不能彻底利用，又不认真做好"垃圾分类"，结果这些营养物质全跑进了水体中，藻类爆发了。

对鱼类来说，"爆藻"最大的问题在于水中的氧气会被瞬间榨干。可以说，后来促成泥盆纪末大灭绝的那次全球性的大缺氧事件，就是从淡水中开始的。你说这堂堂淡水的鱼类霸主，给淹死在水里可真是太没面子了呀。

但是肉鳍鱼们眉头一皱，发现天无绝"鱼"之路。

真可谓败也萧何，成也萧何。泥盆纪的植物虽然一通瞎搞导致水体缺氧，但是它们却让空气中的氧气含量急剧暴增。

还记得之前所说的肉鳍鱼们原始的开放式鱼鳔吗？这个器官刚好既与外界空气相连，又富含毛细血管，凑合着也是可以从泥盆纪富氧的空气中获取一点点氧气的。

由此，鱼鳔演化成了原始的肺，肉鳍鱼类呼吸空气的能力日益强化。

不过在早期，原始的肺获取的氧气还不足以满足鱼类全部所需，充其量只是在水体缺氧时的一种补充。而对这份还在筑基阶段的新能力的不同运用，衍生出了淡水肉鳍鱼的两大分支。

其中一个叫作肺鱼形类，它们将呼吸空气的能力用于熬过难关。当水体干涸或是极度缺氧的时候，它们就进入休眠状态，将身体代谢速率降到最低，一点点呼吸空气的能力便足以满足生存所需。只要"渡劫"成功，他日又是一条好鱼。如今肺鱼形类的后代只剩下了三支肺鱼，其中包括完全靠肺呼吸的非洲肺鱼，它们是世界上少数几种丢进水里可能会淹死的鱼。哎，真的是一条废鱼了。

而还有一个叫作四足形

肺鱼　　真掌鳍鱼

类的分支才真正解锁了肺的正确使用姿势。这一支肉鳍鱼类在之前的演化中已经发展出了在水底淤泥中爬行的能力，因此它们的肢体肌肉也比当时其他所有脊椎动物都更强一些，发达的骨骼也为在缺乏浮力的陆地上运动做好了铺垫。顺带说一句，内骨骼的完全硬骨化可能就是由这一支鱼类率先完成的，从此硬骨鱼名副其实。好了，那么现在有了一身的好根骨，又刚好有了那么一点点呼吸空气的能力，所以理所当然要——登陆。

但问题是，作为一条鱼，没事登上陆地，是不是有点异想天开了？

或许，只要有足够的诱惑，动物便敢践踏一切自然法则，敢于冒任何风险。

在泥盆纪，与植物一同兴盛的还有陆地的各种动物。鱼类吃腻了河鲜，来点陆地货换换口味，岂不美哉。

有的鱼终究抵挡不了舌尖上的诱惑，其中可能就包括真掌鳍鱼，它们开始频繁地浮出水面，袭击岸边的小动物。当时陆地上的动物还从来没跟脊椎动物打过照面，一个个都傻不愣登的，在我们祖先眼中根本是自助餐厅里的一道道菜啊。

世界就是要用来征服的，我要将世间万物，全部纳于口中。

于是乎，如果有更强的呼吸能力，上岸的时间会更长；如果肌肉骨骼更加发达一点，来陆地一遭能多吃点。这样，四足形鱼类的呼吸空气和陆地运动能力变得越来越强大。

肉鳍鱼类愈发感受到了陆地的丰饶，这个脊椎动物洪荒时代原初霸主的后裔，仿佛重新燃起了野心。

在3.75亿年前泥盆纪出现的提塔利克鱼很可能是史上第一种能够完全脱离水，在陆地上自由运动一段时间的四足形鱼类。

从它开始，脊椎动物开始向着更深的内陆前行，脊椎动物登陆的征途从此势不可挡。

终于，最迟在3.65亿年前，地球诞生了第一种真正意义上的两栖动物——鱼石螈。

向前一米。向前两米。向前三米，四米，五米，六米……

七米！

八米！

陆地上的生灵呀，感谢你们在亿万年间缔造的富庶，吾将赏赐你们，最绝望的深渊，与最悲伤的叹息！

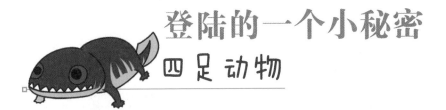

登陆的一个小秘密
四足动物

之前我们提到了脊椎动物走向陆地的征途，但实际上还有一个小尾巴没有讲完，脊椎动物的登陆成功了吗？

你们可能会说，啊，废话，没成功的话哪来的咱们呀？

嗯，有理有据令人信服。但如果我继续问，上次讲到的那些什么提塔利克鱼、棘螈、鱼石螈是我们的祖先吗？

这个问题可复杂了。

其实，虽然从化石记录来看，从真掌鳍鱼到潘氏鱼、提塔利克鱼，再到棘螈、鱼石螈，这条演化路线好像没毛病，但其实存在一个很大的问题。

真掌鳍鱼的化石出土于加拿大东部，提塔利克鱼则分布在加拿大北部，而鱼石螈则产自格陵兰岛。除此以外，世界其他地方也出土了许多类似的化石，比如说拉脱维亚的塔螈和我国的中国螈，等等。

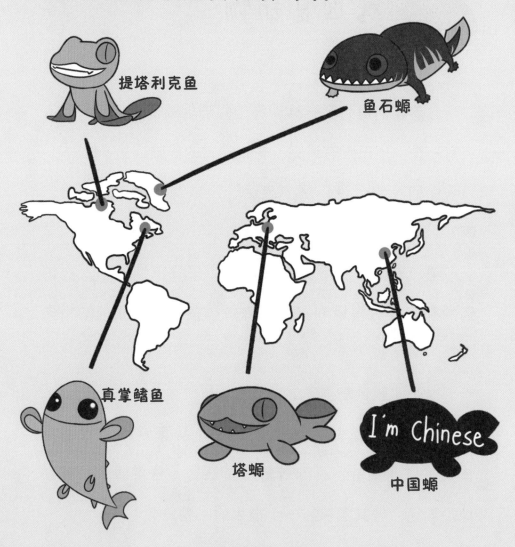

提塔利克鱼

鱼石螈

真掌鳍鱼

塔螈

I'm Chinese

中国螈

由此可见，当年真实的登陆过程应该比我们的想象更加宏伟磅礴。这些遍布全球的化石所揭示的，应该是一场世界级的登陆竞赛，在那个历史的节点上，全世界好几块大陆，无数条江河之中，有许许多多四足形鱼类都各自独立地奔向了伟大的陆地。

这其实不难理解，在泥盆纪，无论是陆地的丰饶，还是淡水的缺氧，一切诱惑和压力应该都是无差别地加诸世界每一处的四足形鱼类身上。这难道就是传说中的时代在召唤？

因此真掌鳍鱼、提塔利克鱼和鱼石螈等都不过是这场波澜壮阔的竞赛之中的选手，它们并不是我们祖先演化路线中的某个形态，而是与我们的祖先曾在同一场世界大赛上同台竞技的对手。

是的，演化真实的样子应该是这样的，那些动物恐怕从一开始便不属于我们所在的演化支。只是由于化石真的是一种极度稀缺的资源，真正属于我们祖先的演化路线早已湮灭在了历史的烟尘之中。

但曾经对手的化石，也足以帮助我们去理解我们祖先走过的演化之路。对古生物学家而言，它们都曾经向着同一个目标前进，或者说被命运推向了同一个方向，宛如我们祖先在不同平行宇宙中的镜像，这点信息，够了。

只不过相同的演化大势却掩盖不了细节上的差异，

而正是这些差异说明了它们并不是我们的直系祖先。

比如说脚趾的数量，鱼石螈有六个指头，棘螈每只脚有八个指头，如果它们的后代发展出文明，掰掰手指头能算十六进制。而我们人类则是五根指头。像指头数量这种特征，在功能上对于早期的四足动物来说意义不算很大，因此每次独立演化出来都会有所不同。但是手指数量在发育上又会因为牵涉到神经肌肉骨骼方方面面的发育，所以一旦确定了不太会轻易改变。所以手指数量是平行演化的力证。

鬼谷说

也有观点认为脊椎动物登陆过程中有"手指减少"的演化倾向，因为在水中需要手指多一些才能形成一个善于划水的巴掌，在陆地上留个几根手指够用就行。

除此以外还有一个有趣的差异，四足形鱼类和早期四足动物，大多并不像我们一样用鼻孔来呼吸空气，从某种意义上说，它们是用耳朵呼吸的。它们进出空气的器官是一对位于头顶侧后方的气孔，这个气孔在我们身上已经被鼓膜封闭，演变成中耳的一部分，不再与外界空气直接相连了。

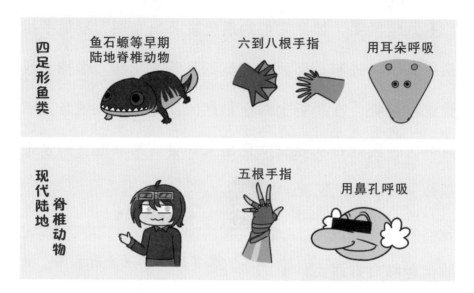

这些有趣的差异一方面揭示了演化的种种可能性，另一方面也隐约向我们揭示了一个残酷的真相。当今的陆地脊椎动物大多是五个指头，用鼻孔呼吸，除此以外还共享一些鱼石螈和棘螈等不具备的骨骼特征。这些迹象都表明，尽管我们的祖先绝不是唯一的参与者，但它大概率是这场游戏的唯一优胜者。

正如脊椎动物的演化一以贯之的，一将功成万骨枯，征服世界的王只能有一个。那我们祖先又是凭什么胜出的呢？难道我们祖先真的是什么天选之子吗？

其实吧，我们的祖先还真非常有可能是个天选之子。

之前已经说过，四足形鱼类最早登陆很大程度是被植物给间接逼出来的。泥盆纪晚期，长久以来植物对地球环境积累的压力终于在机缘巧合下，迎来了总爆发。当时大气中的二氧化碳跌到了一个临界点，全球急剧变冷，海平面下降，森林迅速崩溃。

冰川期持续了差不多1000万年，地球才重新恢复温暖，但却给全球水体中的生物带来了一场末日审判。暴雨冲刷过被植物摧残得支离破碎的地表，巨量的营养物质涌入江河、湖泊与海洋，引发了自动物诞生以来最凶猛的一次藻类爆发，最终毁灭了97%的脊椎动物物种。这一系列事件被后世称为泥盆纪末大灭绝。

而那些步履蹒跚着登陆的早期四足动物，它们的卵和幼体都需要在水里发育成熟，成体也必须生活在阴湿的雨林之中，因此成了灭绝事件中被冲击得最严重的类群之一。

在泥盆纪末大灭绝之后，长达1500万年间，四足形类的脊椎动物近乎从化石记录中消失了。这个化石记录的断档期史称柔默空缺。

　　我们刚刚登陆的祖先到底是如何幸存下来的呢？我们不得而知。唯一知道的是，在空缺之后，重新出现在化石记录当中的，便只有长着五根手指头，用鼻孔呼吸，而且属于我们这个演化支的陆地四足动物了。

　　对此鬼谷我只能猜测，也许在那场横扫全球的浩劫之中，世界上真的有一片世外桃源，那里的水体始终没有那么缺氧，那里的森林不知怎么熬过了上千万年的冰期，那里的生态系统也一直没有因为我们祖先的上岸而崩溃，保住了我们祖先这一棵独苗，并最终让我们今天得以坐在这里讲述那远古的故事。

　　恐怕这就是动物演化的天命吧。

但是我相信，我们的祖先**没有开挂**！

哇～

我有特殊的生存技巧
离片椎类两栖动物

我们在讨论演化的时候经常提及一个概念，那就是过渡类群，它们的样貌往往介于两类生物之间，为厘清演化的脉络架起桥梁。然而，过渡意味着它们的生活方式处于一种比上不足比下有余的尴尬状态，往往只能像完成自己的历史使命一般在生物演化史上昙花一现，不说生存到现在了，能在地层中留下化石的都屈指可数。

大家都知道生命起源于海洋，因而现存的一切陆地动物都势必有一个登陆到一半，也就是所谓两栖生活的祖先。比如说在4亿多年前的志留纪，蝎形动物大多是水陆两栖的，但如今已经没有能下水的蝎子了。而

23

如昆虫、蜈蚣等动物的两栖祖先甚至连化石都是凤毛麟角。

然而有一类两栖动物，它们的生存技巧很特殊，不但在历次大灭绝中屡屡死里逃生，甚至还有一个诡异的旁支可能一路生存到了今天，那便是离片椎类两栖动物。

之前我们说了，脊椎动物的登陆历程一开始可谓欣欣向荣，但随后差点被泥盆纪末的大灭绝给断送了。

仿佛从这波劫难里吸取了什么教训，反正自此之后的陆地脊椎动物好像大多都会在各种方面留那么一手。

总之，从3.3亿年前的石炭纪开始，陆地正式成为脊椎动物的天下。那个时候，能够完全脱离水源的陆地脊椎动物尚未演化出来，加之当时大半个世界都覆盖着阴湿的雨林，于是石炭纪成了历史上仅有的两栖动物称王称霸的时代。

而在这些两栖动物中，有一支更是率先崛起，铸就了陆地脊椎动物最初的霸业。这就是今天的主角——离片椎类两栖动物。

这个家族的早期成员长得并不起眼，比如说树匍螈和温泉螈等，别看它们好像不太聪明的样子，凭着小巧的体形与不挑食的胃口，它们挺过了泥盆纪末的劫难。

最关键的是，它们抢先一步发展出了秒杀一切同行的迅捷动作与"陆地续航能力"，成了第一批"出村"看世界的陆地脊椎动物。

这一看就打开了新世界的大门。于是一个属于两栖动物的繁荣王朝从此拉开序幕。

虽然离片椎类总体都长得大同小异，但是仔细看，这群家伙在一些小细节上还是很有想法的。

有些离片椎类向着更深的内陆进发，它们中有不少都长着鳞片与盾板，既可以在一定程度上保持水分，又可以防御蜱螨的叮咬。

其中灵活一些的还学会了爬树，两栖动物与昆虫的亿年梁子，从那个时候便已经结下了。

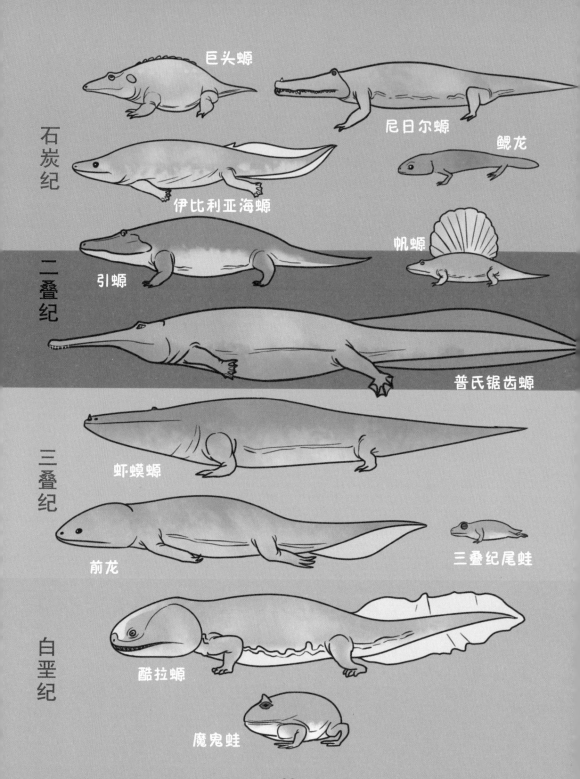

巨头螈

尼日尔螈

鳃龙

石炭纪

伊比利亚海螈

帆螈

二叠纪

引螈

普氏锯齿螈

三叠纪

虾蟆螈

前龙

三叠纪尾蛙

白垩纪

酷拉螈

魔鬼蛙

除此以外，两栖动物嘛，玩的就是进退自如，因此也有一些又重新向水中发展。其中做得最极端的当属鳃龙，它们一生都保留着幼态的外鳃。水体是两栖动物的摇篮，所以一辈子待在摇篮里没毛病，美西螈知道后纷纷点赞。

石炭纪西班牙的伊比利亚海螈（译名仅供参考）更进一步，直接回到海洋，一举开创了陆地四足动物重返大海的先河。

不过，毕竟大多数离片椎类都是一口瘆人的尖牙，最适合的生态位还是食物链的顶层掠食者。与后世一个演化支独大的局面不太一样，可能是受限于运动能力，离片椎类更接近一种群雄割据的状态，其好几个演化支都在不同的时间、地点产生了地区性的霸主。

其中也不乏思路比较清奇的，比如说尼日尔螈，它们演化出两颗长长的尖牙，嘴里装不下，干脆在上颌开两个天窗让牙齿伸出来。

　　林林总总的演化尝试，让它们霸占了几乎所有适宜

两栖动物的生态位，离片椎类的生存之道就是，走自己

的路，让别人无路可走。

在石炭纪离片椎类最鼎盛的时候，其他陆地脊椎动物为了避开离片椎类的锋芒，不得不开创一些剑走偏锋的生存之道。

有一些脊椎动物将自己的卵产到离片椎类难以染指的地方，比如说陆地上。而这条演化路线最终缔造了一支全新的脊椎动物——羊膜动物。

它们演化出了生蛋的能力，生长繁殖彻底摆脱了对水体的依赖，成为真正意义上的陆地动物。

随后，地球遭遇了大冰期，全球森林迅速衰退，史称石炭纪雨林崩溃事件。丧失了雨林和水源的庇护，离片椎类一点点地把江山割让给新兴的羊膜动物。

对此，离片椎类也并非毫无作为，以引螈和帆螈为代表的早二叠纪离片椎类，也曾经一度拼命改造自身以适应更加干旱的环境。只可惜，一步慢，步步慢，当离片椎类还在苦苦挣扎着对抗干旱环境的时候，羊膜动物已经演化出了诸如异齿龙之类的狠角色，再也不会给离片椎类任何机会了。

离片椎类不但在干旱地区没能占到任何便宜，甚至它们的基本盘——森林与沼泽还反过来遭到了羊膜动物的进逼。

最终，离片椎类彻底丧失了对一切陆地的控制，只能退回祖辈曾拼命离开的河流与湖泊之中。

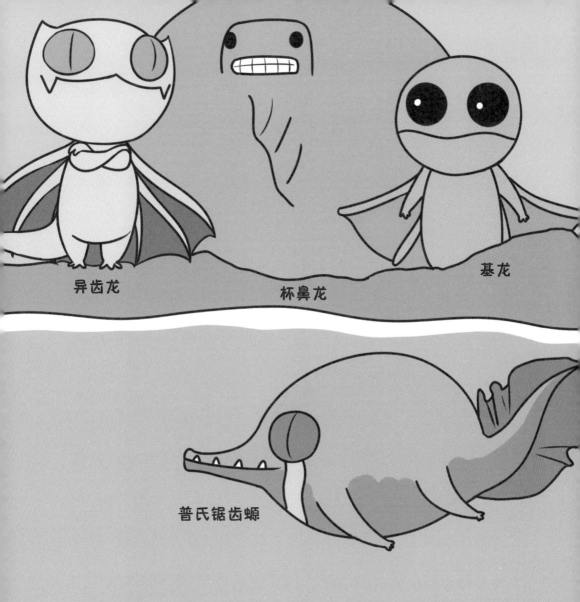

异齿龙

杯鼻龙

基龙

普氏锯齿螈

　　在那里，这位昔日霸主依旧保留了几分体面，生活在二叠纪中前期的巴西普氏锯齿螈体长可达5～10米，可能是当时体形最大的动物之一。

　　最终，在2.5亿多年前，西伯利亚的超级火山轰隆一声巨响，一举抹平了这尘世间的纷纷扰扰。

残存的离片椎类们不得不与自己曾经宿敌的后代，比如三尖叉齿兽一起蛰伏在地穴之中，仿佛在等待着注定的结局。

在此之后，尽管离片椎类也试图利用空旷的地球环境向海洋进军，并且还努力诞生了一批很能耐干旱的类群，但总体来说，它们在干旱的气候与新一代龙族动物的崛起中正节节败退。

如果离片椎类就此走向灭绝，那也算是一首荡气回肠的英雄史诗。然而在2.28亿年前的三叠纪卡尼期，剧情突然神奇地展开了。只闻天边一声巨响，一场旷古罕见的暴雨轰然而至，横扫了整个盘古泛大陆，而且一下就是将近200万年，强行把一整个世界的沙漠都给灌成了大沼泽，史称卡尼期洪积事件。于是在化石记录中低迷了上千万年的离片椎类，突然原地复活了。

生活在2.27亿年前，体长3米，重近半吨的前龙，甚至一举成了卡尼期最常见的脊椎动物之一。

暴雨不仅让离片椎类活了下来，同时也让另一类动物从此全面崛起，那就是植龙类。这个类群怎么说呢，和鳄鱼有几分相像，物种名也经常是一些狂齿鳄、凿齿鳄啥的。但它们不是鳄鱼，这些植龙以及后来的鳄鱼的主流生活方式，直到今天都和当时的离片椎类一模一样，唯一的区别是，它们不用担心水塘干涸后自己或者自己的卵会被晒干。简直是羊膜动物派来专门针对离片椎类的。

远看像鳄鱼，近看像鳄鱼，查查户口本，嗯……也是鳄鱼的亲戚。

但是，不是鳄鱼哦。

植龙类

SUMMER
IS
COMING

于是，原地复活的离片椎类，突然又要完蛋了。

目前所知最后一批离片椎类是生活在1.2亿年前白垩纪的酷拉蝾，它们体长4～5米，差不多半吨重，生活在当时处于南极圈内的澳大利亚东南部。因为离片椎类比各种鳄鱼稍微耐寒那么一点点，所以那里成了离片椎类最后的绝境堡垒。

只可惜，在白垩纪中期，地球经历了一轮全球变暖，然后，就没有然后了。

但离片椎类的故事到这里却没有结束。

时间回溯到2.9亿年前的二叠纪初。正如之前所说，当时为了应对日益干旱的气候，有一支离片椎类疯狂改进自己的身体，它们是双顶螈类，其中走得最极端的当属原蛙。

正是这支动物，给离片椎类留下了一个毫无原作精神的正统延续——蛙类。它们创造了整个陆地脊椎动物中最为"邪典"的演化路线。生活在三叠纪的三叠纪尾蛙已经具备了今天蛙类的大部分特征。

它们的许多变化都是如此蛮不讲理，比如说退化掉大部分肋骨和脊椎，还少了一根手指头。这种极简的骨骼构造似乎看不出给它带来了什么好处，反而让肌肉无处附着。

但蛙类还是在这条黑道上一骑绝尘。

从侏罗纪开始，有些蛙类已经丧失大部分咬合力，只能靠黏糊糊的舌头来捕捉虫子，但即使把猎物吞入口中，也没有足够的肌肉将食物吞下去，于是它们又发明了用眼球把猎物推进食道的搞笑动作。如果你养过蛙的话，会发现有些蛙类吞咽比较大食物的时候都会用力眨一下眼睛，这其实是眼部发力用眼球推食物。

然而蛙类却在各种胡闹中解决了一个除它以外所有脊椎动物都未能解决的难题。

脊椎动物如果向陆地发展，得缩短尾巴，强化四肢，这会导致游泳速度变慢。如果想要下水发展，则得强化尾巴削弱四肢，限制在陆地上的运动。

哎，"世间安得双全法，不负如来不负卿"呀。

但是蛙类表示，它们全都要。它们将踝骨特化为棒状，构成一个绝妙的杠杆，赋予了后腿超强的爆发力。与此同时它们还发明了不需要尾巴的蛙泳式泳姿。于是乎强壮的后腿在水中可以通过蛙泳推动身体，在陆地上则可以靠跳跃来快速运动。

唱、跳、游泳从此成了蛙类的专长。

凭着这门独特的生存技巧，蛙类在恐龙、鸟类与哺乳动物的夹缝中硬生生开辟了一条生路。

然后，地球随即就被一颗大陨石给砸了。

不过俗话说得好，船小好调头。大部分蛙类体形都很小巧，一小片芦苇地、一小丛灌木林便足以让一个种群安定下来。再不济，还能钻进地底休眠。

因此尽管大灭绝毁灭了全世界超过八成的蛙类物种，但同时也消灭了蛙类大部分天敌，剩余的蛙迅速在赤道附近破碎的湿地中繁衍壮大了起来。

在这期间，蛙类又解锁了新技能，指头上演化出了吸盘，可以轻松爬到树上，配合强大的跳跃能力，在树林之中穿梭往来。

只可惜那年森林不是很多，这些蛙再怎么蹦跶也就是小圈子里自娱自乐一下。

大约5600万年前，全球温度突然暴升。热到什么程度呢？那段时间，你去南极的话得穿短袖，赤道附近的海洋更是可以直接蒸桑拿。这波超强的全球变暖史称——古新世始新世极热事件。

于是乎，热带雨林急速蔓延，直抵北极，而蛙类也随着雨林的扩张一路高歌猛进，让蛙声响彻全世界。

如今蛙类数量将近5000种，所在的滑体亚纲是地球陆地上除了龙兽两族外最繁盛的脊椎动物类群，身影几乎遍布全球。离片椎类最后的血脉，依旧在谱写着自己的传奇。

遥想当年，离片椎类弱小的祖先走出世代居住的家园，踏遍千山万水，一手开启了陆地脊椎动物的传奇霸业。3.3亿年来，离片椎类历经无数大起大落，饱尝世间冷暖，最终留下了几支形态诡谲的末裔，以独树一帜的生存策略，从容不迫地在夹缝中打拼下自己的一方天地。

还真是颇有几分功成身退的逍遥呢！

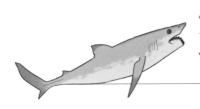

堂堂正正的战士
软骨鱼

我们知道，世界上有这么一种人，永远坚持原则，即使面对阴险小人，他也必须赢得堂堂正正，这种人总能让人肃然起敬。而在动物演化史中，也有一位光明磊落的头铁战士，那就是软骨鱼。

在今天，最具代表性的软骨鱼无外乎各种凶猛的鲨鱼，冷血、迅猛而狡诈，在各种艺术作品中已然成了深海恐惧的代名词。

然而在威风凛凛的身影之后，却是跨越数亿年的辛酸血泪。

按理来说，我介绍每一类动物，都习惯从它的起源讲起，只不过软骨鱼的来源嘛，学术界也是莫衷一是，原因从软骨鱼的名字便能看出来。虽然今天的鲨鱼一个个好像凶神恶煞，其实它们全都是些软骨头，在地层中很难留下什么化石。

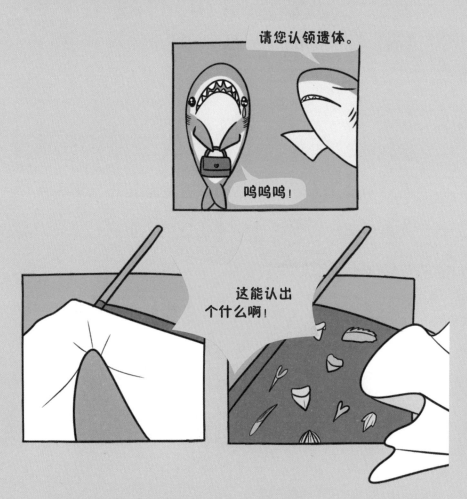

所以，有人认为它们和一类叫作"棘鱼"的古鱼有着密切的关系。

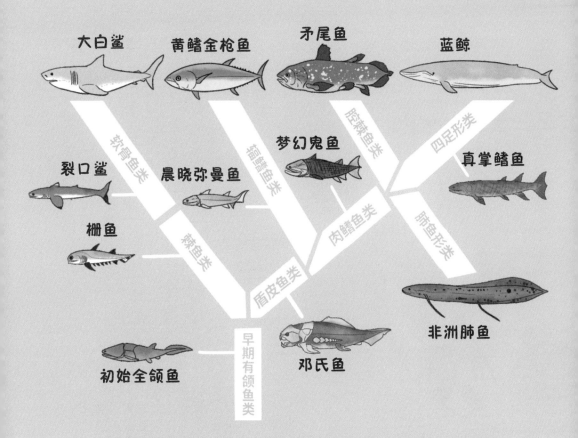

大白鲨　黄鳍金枪鱼　矛尾鱼　蓝鲸

软骨鱼类　辐鳍鱼类　肺鱼类　四足形类

裂口鲨　晨晓弥曼鱼　梦幻鬼鱼　真掌鳍鱼

栅鱼　棘鱼类　肉鳍鱼类　鳍鱼形类

盾皮鱼类

初始全颌鱼　早期有颌鱼类　邓氏鱼　非洲肺鱼

　　我们不去掺和学术讨论了，唯一确定的是，在泥盆纪早期，随着有颌鱼类"啊呜"一口荡平了地球的半数动物之后，地层中才出现了最早的明确的软骨鱼化石，各个学派的世界线也正是在这里完成收束。

　　所以，不如就让我们从这里开始讲述软骨鱼的故事吧。

　　正如之前所说，在4亿年前的泥盆纪，海洋里最王道的鱼类当属盾皮鱼，而淡水中又有一帮肉鳍鱼类横冲直撞，这群家伙一个个身强体壮，尖牙利齿，要肉有肉，要攻击力有攻击力。

软骨鱼想得很通透，它们除了保留了一点点尖刺以外，放弃了全部铠甲，同时还演化出一体化的柱状软骨，完全包裹脊索，让复合式的脊椎有了巨大飞跃。

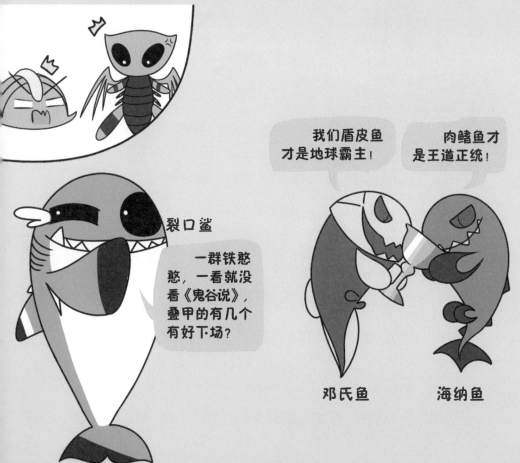

裂口鲨

一群铁憨憨，一看就没看《鬼谷说》，叠甲的有几个有好下场？

我们盾皮鱼才是地球霸主！

肉鳍鱼才是王道正统！

邓氏鱼　　海纳鱼

最关键的是它们还优化了鱼鳃构造，让呼吸效率变得更高。难道这就是传说中的水之呼吸？

　　总之，经过一番脱胎换骨，软骨鱼终于有了今天鲨鱼的三分王霸之气，所以我便不严谨地把接下去出现的大部分软骨鱼都称为鲨鱼吧！

　　那么这一番身体改造有没有用呢？

　　用场大了。在泥盆纪末，全球海洋遭遇了一轮大缺氧，海洋里的盾皮鱼们套着个碍事的板甲，一个个那是嘴也张不大呀，鳃也开不宽，结果在名为泥盆纪末大灭绝的劫难中几乎灭绝殆尽。

　　而鲨鱼们仗着领先世界的先进呼吸系统"渡劫"成功，与另一支能够直接呼吸空气的脊椎动物——硬骨鱼类一起成为新时代的主角。

　　于是乎，软骨鱼家族在石炭纪到二叠纪迎来了它们最辉煌的岁月。而这也是软骨鱼家族海洋、淡水"奇葩"朵朵开的一段黑历史。

　　有的鲨和泥盆纪的前辈一脉相承，在背上装个门把手。

镰刺鲨

龙鳞鲛

特拉奎尔鲛

朱那鲨

长鼻鲨

棘托银鲛

剪齿鲨

旋齿鲨

枕鳍鲛

颊甲鲛

三尖叉齿鲨

贝兰特西鲨

尖喙鳗鲨

有的鲨，长着一双不隐形的翅膀，你以为它要飞，但它其实只会在海底爬。

还有在海底装雕像的鲨、长得像金枪鱼的鲨、长得像沙丁鱼的鲨、胖墩墩的鲨、瘦干干的鲨、扁塌塌的鲨、爱烫头的鲨、装假睫毛的鲨、长着尖刺的鲨、长着一对角假装自己是龙的鲨……

花里胡哨的软骨鱼，与它们同一时代的塔利怪物、提丰怪物啥的一起，可真是组成了一个奇妙的异次元海底世界呀。

你以为这就是软骨鱼长相疯狂的极限了？那是因为你还没见识过一个被称为尤金齿鲨目的类群。名字记不住没关系，你只要记住，旋齿鲨是这个家族的杰出代表。

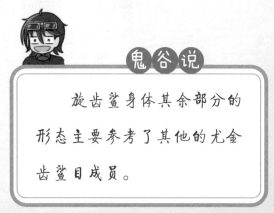

鬼谷说

旋齿鲨身体其余部分的形态主要参考了其他的尤金齿鲨目成员。

旋齿鲨的化石最早发现于俄国乌拉尔山脉附近。

　　人们花了一百多年也没弄清楚，这盘蚊香般的牙齿究竟长在鲨鱼身上什么部位。

　　一直到2013年，依靠高精度扫描一块带有软组织痕迹的旋齿鲨化石，人们才确定了这盘牙齿应该长在下颌口腔内侧，大致相当于我们舌头的位置。

　　这种牙齿形态当然不是为了魔力转圈圈，学者们猜测，是为了一口把肉从菊石的壳里掏出来。

除了旋齿鲨，尤金齿鲨目还涌现了同样诡异的副旋齿鲨与剪齿鲨等。它们牙齿的用法至今都还争论不休。

考虑到软骨鱼极难留下完整化石，这帮妖魔鬼怪应该也不过是当年软骨鱼黄金岁月的冰山一角而已。只可惜，接下来的一场旷世天灾让一切都化作历史的烟尘——二叠纪末大灭绝，这场惨烈的灭绝事件横扫了全球超过97%的海洋生物。

在二叠纪末大灭绝之后，海洋还长期遭受着高温气候带来的海水酸化等问题，生态系统长期难以恢复。堪称是海洋动物历史上最黑暗的日子。

但是，软骨鱼类凭借着从大灭绝中幸存的几点星星之火，依旧在悲惨的新世界缔造了自己的辉煌。比如三叠纪的弓鲛类曾相当繁盛，一度也似乎让软骨鱼重现了当年的雄风。然而现实却是如此残酷。很快，软骨鱼遇到了一大群跟它根本不是一个次元的敌人。

从三叠纪开始，一大堆陆地脊椎动物开始拼命"下海"发展。慢慢地，鱼龙来了，幻龙来了，楯齿龙来了，海鳄来了，蛇颈龙来了，上龙来了，沧龙来了……

这帮脊椎动物在漫长的演化道路上居然摸索出了一个非常厉害的技能。我们知道，陆地脊椎动物直接用肺呼吸空气，而且还有一身防水的皮肤，很轻易地能在淡水和海水之间迁徙。所以淡水成了陆地脊椎动物的专属区，进可以去海洋里畅游，退可以找条没有大型鲨鱼的江河休养生息。敌进我退，敌退我追，简直让软骨鱼头皮发麻。

但即使面对这么无赖的套路，软骨鱼类依旧是堂堂正正的威武之师。

在与新敌人的交锋中，一支新兴的软骨鱼类群——板鳃亚纲开始逐渐崛起。

鲨鱼在获取氧气的能力上终于能够和直接呼吸空气的陆地脊椎动物平起平坐，鲨鱼的体形一再突破了极限。

同时，鲨鱼在原有基础上进一步升级软骨，不但增加了其钙含量，甚至还嵌入了很多钙质骨针，宛如在玻璃钢中嵌入了凯夫拉纤维，有强度，有韧性，搭配贯穿全身的强悍肌肉，让鲨鱼的力量、速度双双爆表，面对经过几亿年重力锤炼的陆地动物，丝毫不怕。

此外，软骨鱼的身体表面本来就覆盖着一层细密的盾鳞，经过一轮紧密的改造后，直到今天，鲨鱼皮依旧是在海洋中减少表面阻力的最优解，游起泳来如丝般流畅。

随着鲨鱼的游速不断创造新高，一支鲨鱼直接利用超高游速带来的水压，将高压海水急速压过鱼鳃。人类利用这个原理创造的冲压式发动机，至今仍是高超音速飞行器的顶级配置。

不仅如此，鲨鱼还为自己霸道的运动能力搭配了冠绝四海的感官。除了常规的视觉和听觉，鲨鱼还发展出了恐

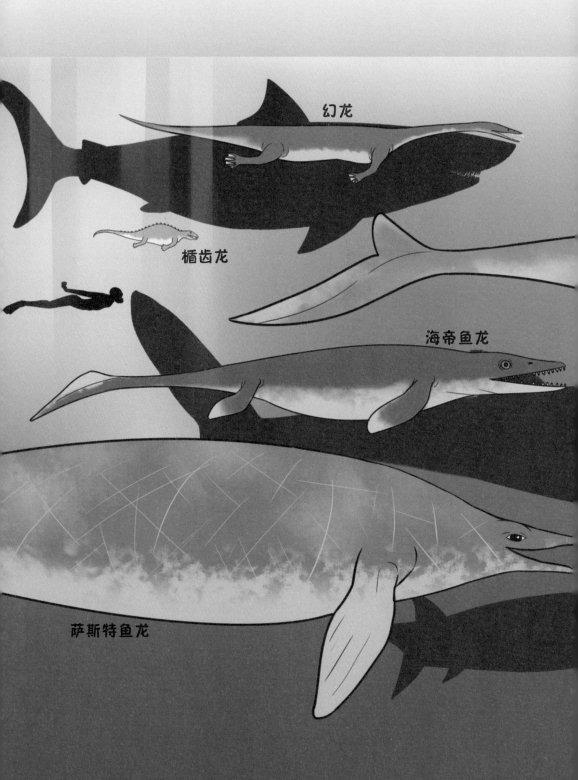

幻龙

楯齿龙

海帝鱼龙

萨斯特鱼龙

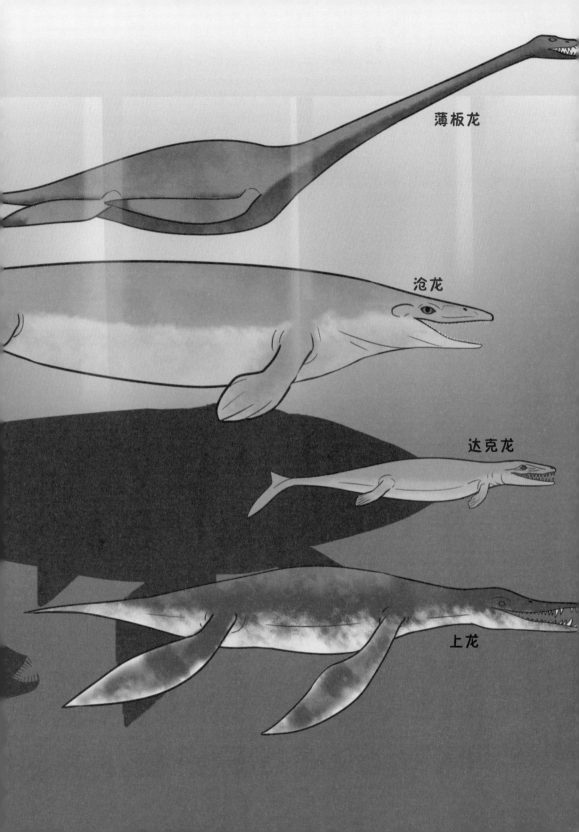

薄板龙

沧龙

达克龙

上龙

怖的嗅觉，能在数里外感知痕量（痕量：极少的量）的血腥味。除此以外它们还配备了生物电感应器，理论上你身体还没动，鲨鱼就已经捕获了你肌肉中准备动作的电信号。

还有些鲨鱼拥有脊椎动物中最锋利的牙齿，它们的牙齿处于常年不休的替换中，保证这些牙齿处于永不磨损的极致锋利状态，将自己成吨的咬合力发挥到了极致。

在距今8000多万年的白垩纪晚期，相当于今天美国西部的地方，出现过体长可能超过7米的白垩刺甲鲨，它与同一地区的海王龙双雄争霸了上千万年。

还有诸如角鳞鲨等相对没那么大的鲨鱼，一个个都在与各种沧龙的斗争中打得有来有回。

只可惜，6600万年前的一颗陨石不由分说地让双方停止了战争。

尘埃落定后，海洋爬行动物只剩下了海龟和海蛇两个目测应该爬不上食物链顶峰的类群。但鲨鱼家族却总体上挺了过来。

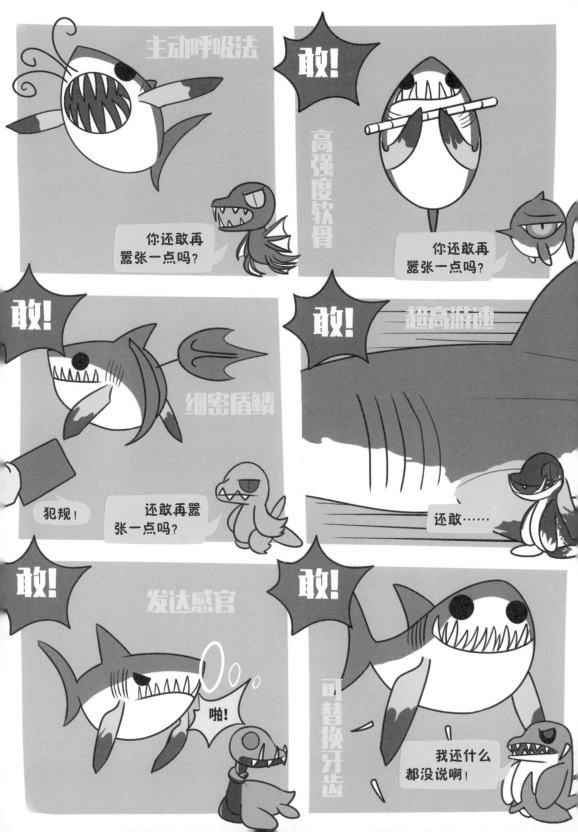

正当鲨鱼们雄心勃勃打算实现软骨鱼纲的伟大复兴时,鲸类又下海了。于是有一些鲨鱼开始专门以鲸类为食。

随着鲸类的体形逐渐增大,鲨鱼的这条演化路线也于2000多万年前走向了极端,出现了鲨鱼演化史上的战斗力顶峰——巨齿鲨。体长超过10米,咬合力超过10吨,庞大的体型也使其体温可以比环境高一些,再配合强大的运动与感知,巨齿鲨成了大型鲸类的噩梦,它的存在将大部分鲸类的体形长期压制在9米以下。

只可惜,鲸类也非池中之物,哺乳动物的恒温、胎生以及回声定位能力让鲸类有了与鲨鱼一战的资本。

于是乎,鲸类经过一番努力,也发展出了它们的最强战力——梅氏利维坦鲸。

如果说早先的龙王鲸还属于在浅海利用地形打打游击的小蟊贼,那么梅氏利维坦鲸可谓是真刀真枪和鲨鱼正面抗争的宿敌了。

虽然巨齿鲨与梅氏利维坦鲸的成体大概率不会互相

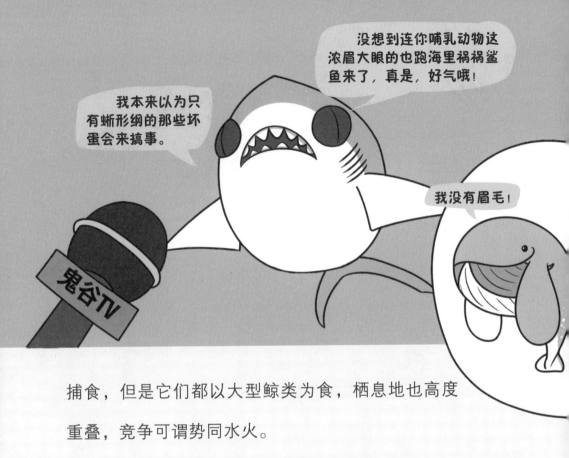

捕食，但是它们都以大型鲸类为食，栖息地也高度重叠，竞争可谓势同水火。

只可惜，和当年的白垩刺甲鲨与海王龙一样，巨齿鲨与梅氏利维坦鲸上百万年的恩怨最终也因为一场天灾无果而终。

在大约300万年前，不太清楚什么原因，海洋中的硅藻出现了大量死亡，重创了以硅藻为食的磷虾，紧接着倒霉的是以磷虾为食的大型须鲸。

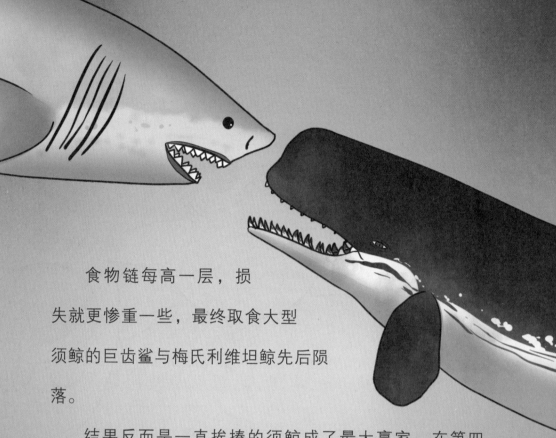

食物链每高一层，损失就更惨重一些，最终取食大型须鲸的巨齿鲨与梅氏利维坦鲸先后陨落。

结果反而是一直挨揍的须鲸成了最大赢家。在第四纪冰川期，海洋重新变得富饶起来，却再也没有了那些史前巨型掠食者的制约，于是须鲸的体形爆发式增长起来，最终缔造了这个星球上有史以来最大的动物——体长可以超过30米的蓝鲸。而鲨鱼的奋斗也并未就此终结，大型掠食者的灭绝为中小型掠食者创造了历史机遇。

不到100万年的时间里，体形较之前辈小一号的大白鲨与虎鲸便接过了各自族群的接力棒，在第四纪的海洋

中延续着千万年的世仇，直到今日。

回望漫漫两亿余年永无止境的抗争史，一代代鲨鱼家族薪火相传。

战斗，只要还在战斗，希望便不会破灭，往昔帝国的荣光便不会真正消失，鲨鱼可以骄傲地向世界宣布，它们还没有输。

中生代的隐藏巨星

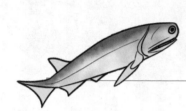

辐鳍鱼类

说起中生代，绝对是动物演化史上最风云激荡的时代。大地之上，恐龙代表龙族宣告王的诞生，哺乳动物两亿年卧薪尝胆只为一朝王者归来。天空之中，翼龙一飞冲天创造历史，鸟类厚积薄发后来居上。海面之下，则是堪比全明星大乱斗的海爬争霸与鲨鱼的涅槃重生。

然而在我看来中生代最辉煌的赢家，却长期隐藏在一切纷纷扰扰之后，这个隐藏巨星就是辐鳍鱼类。

如今我们平时所说的鱼类，除了鲨鱼、鳐鱼之外几乎都是指它们，这是一个包含了整个脊椎动物一半以上物种的庞杂类群。然而它们的繁盛在自然历史上，其实也只能算是"最近"的事情。

辐鳍鱼类的故事还要从4.2亿年前的晚志留纪开始说起。那年，咱们祖先在一系列机缘巧合之下，演化出了"下颌"这个大杀器，继而从云南老家鱼贯而出。

在这群进击的鱼类之中，诞生了我们今天的主角——辐鳍鱼类。

虽然辐鳍鱼类和肉鳍鱼类同属于硬骨鱼，应该也演化自类似梦幻鬼鱼那样的祖先，然而相比同一时期水陆两开花的肉鳍鱼类，辐鳍鱼类太失败了。

纵观整个泥盆纪，辐鳍鱼类基本都属于一个叫作古鳕类的分类。虽然名字听着有几分气势，但实际古鳕类基本上是杂鱼的代名词，差不多凡是古生物学家看不懂拎不清的古辐鳍鱼，都爱丢到这个类别里。

因为在泥盆纪，辐鳍鱼类仿佛是被演化规律给遗忘了一样，清一色一副大脑袋大眼睛的Q版造型，生活方式基本是在浑浊的水体中追击路过的小动物，整个一浑水摸鱼之辈。

但别看辐鳍鱼体形小数量少，在泥盆纪末，一系列

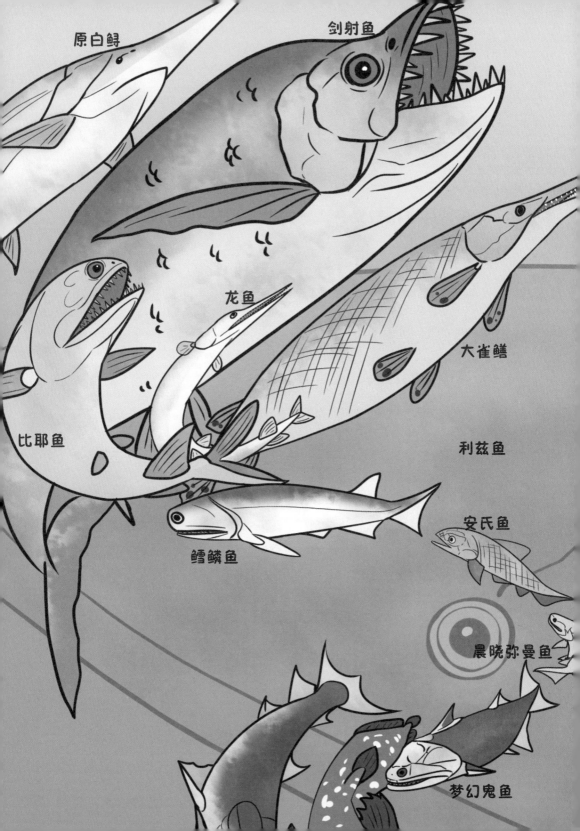

原白鲟

剑射鱼

龙鱼

大雀鳝

比耶鱼

利兹鱼

安氏鱼

鳕鳞鱼

晨晓弥曼鱼

梦幻鬼鱼

"天灾植祸"之下，地球又是大海退又是大缺氧，辐鳍鱼在被后世称为泥盆纪末大灭绝的事件中不但没消失，反而还因为大量海洋动物的灭绝空出了很多生态位，以古鳕类为代表的辐鳍鱼类在大约3.3亿年前的石炭纪迎来了一轮小爆发。

曾经的三头身的大眼仔一时之间千变万化，有的身形如梭，往来翕忽；有的身材细长，掘穴而居；有的身扁如碟，穿隅过隙。

总之辐鳍鱼类至此终于混出了点鱼样。

但是，辐鳍鱼类很快遇到了命中宿敌——软骨鱼类。

在刚柔并济的第一回合较量中，辐鳍鱼类可以说是相当憋屈。

虽然辐鳍鱼类也属于硬骨鱼，但是石炭纪的古鳕类的脊柱依旧基本只有软骨，相比软骨鱼，早期辐鳍鱼的脊柱在强度和韧性方面都差那么一点点。

　　与此同时，早期辐鳍鱼体表覆盖的鳞片也和软骨一样，具有齿质和釉质，被称为硬鳞。但是与软骨鱼有细密突起的盾鳞不同，早期辐鳍鱼的硬鳞像瓷砖一样平滑，因此起不到降低阻力的作用。

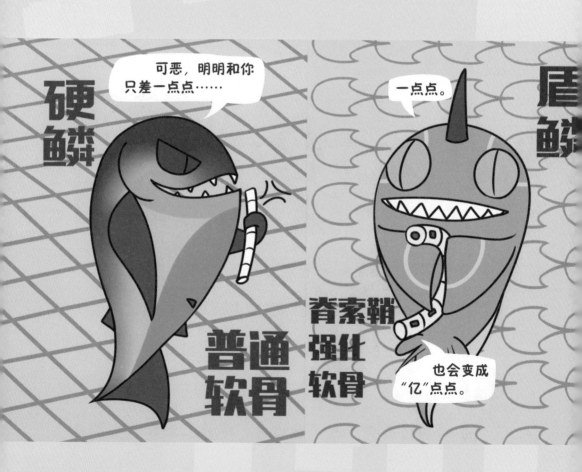

其实很多时候，一个生物之所以混得江河日下，不见得真有多差劲，往往只是因为比竞争对手在某些关键方面差了那么一点点。但是在地质年代这种以百万年做单位的时间积累之下，一点点总会变成"亿"点点。

到大约三亿多年前的石炭纪末，软骨鱼类已经对辐鳍鱼类形成了全方位的碾压。

兜兜转转一圈，又回到了最初的起点。

不过俗话说得好，熬死竞争对手这种事，只有零次和无数次。

在石炭纪末，地球遭遇了一次凶猛的全球变冷，史称晚古生代大冰期——全球冰封，海平面骤跌。这还没完，在2.5亿多年前，随着西伯利亚超级火山的一声巨响，动物更是遭遇了自诞生以来最惨烈的二叠纪末大灭绝。

这一轮冰火两重天让软骨鱼类直接一蹶不振了一亿多年。

而辐鳍鱼类不知怎么居然又挺立起来了。

遥想当年，同为硬骨鱼家族的肉鳍鱼类自顾自奔向了陆地。当它们在三叠纪以海爬的身份衣锦还乡之时，几乎已经活成活化石的辐鳍鱼类，自然也深深体验了一次什么叫人为刀俎我为鱼肉。

不过好在海爬总体体形较大，不是很能占据海洋的底层生态位。然而万万没想到，此时大海中又崛起了另一支牢牢占据庶民生态位的类群——菊石。

虽然菊石诞生在泥盆纪，跟辐鳍鱼类比算是晚辈，但人家一亿多年来可谓励精图治。到三叠纪，菊石的装甲足以扛住包括一部分鱼龙在内的海爬的攻击，更何况菊石还掌握着一套速生速死的生存策略，即使遭遇再可怕的掠食者，也很难被一网打尽。

堂堂脊椎动物被一帮软体动物欺负到这份上，辐鳍鱼类终于不再服软，想明白自己也该演化了。

和许多落后的群体一样，改革的第一步永远是师夷长技。

辐鳍鱼最开始的变化基本全是在模仿老对手软骨鱼类：增强骨骼，优化鳞片，进一步提升自己的速度与机动性。这一系

鬼谷说

新辐鳍鱼类在二叠纪乃至可能石炭纪就已经出现，但在三叠纪才走向繁盛。

列革新造就了我们今天所熟知的辐鳍鱼的基本模式。

比如有一支叫作"软骨硬鳞鱼"的辐鳍鱼类，可以说

是把山寨软骨鱼类写在脸上了。

其中最典型的，也是少数幸存到今日的当属鲟鳇类，我们今

天说的中华鲟之类的基本都属此列。所以要记住了，鲟鱼不是软骨鱼，它们只是软骨鱼的高仿。

辐鳍鱼类同时借鉴的还有另一个老对手菊石的强大繁殖能力，从新辐鳍类开始，一次产卵几十万颗已几乎成了它们的常规配置。

一系列举措让辐鳍鱼类在海爬与菊石的夹缝中硬生生地开辟出了属于自己的生态位，更重要的是，经过这一番折腾，辐鳍鱼类发现，原来自己的演化潜力超强啊。

比如生活在2.3亿多年前的飞翼鱼便能跃出海面，短暂滑翔。

飞翼鱼属于早期新鳍鱼类，和今天的飞鱼没有演化关系。

而生活在差不多同一时期的龙鱼更是将海洋小型游泳动物的速度推向了新的高度。

只不过这一切相比

同时期的菊石，依旧不值一提，无论是分布范围还是多样性，菊石对当时的辐鳍鱼类都造成数量级的碾压。

但辐鳍鱼类仿佛从初步的成功获得了无穷的信心，很快让世界知道了什么叫"不鸣则已、一鸣惊人"。

平心而论，辐鳍鱼类的身体构造其实底子不错。细长的身体与轻薄的鱼鳍可以赋予其不错的游泳能力，硕大的脑袋带来了可以张得很大的嘴部。

而之后辐鳍鱼对自身的改造基本都围绕着这两点。

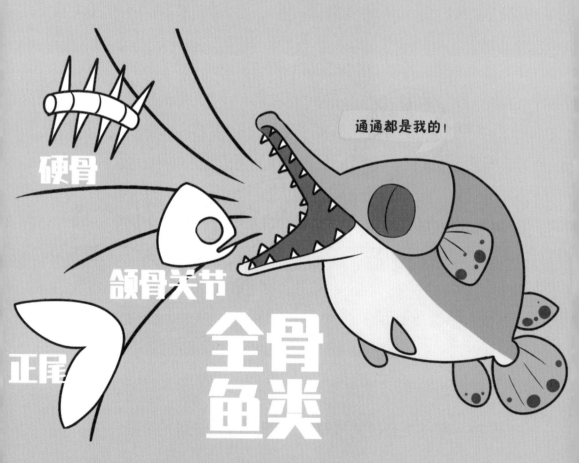

它们的鱼鳍变得更加轻便强韧，鱼尾也从原本的歪尾逐渐变成了正尾，逐渐将鱼形的身体模式连同水中机动能力推向了极致。更关键的是，它们的脊柱也开始演化出硬骨的椎体，成了名副其实的硬骨鱼。

由此一类全新的辐鳍鱼类——全骨鱼类登上了历史舞台。

而在硬质骨骼的基础上，它们又深度改造了颌骨关节，让嘴部可以瞬间开到非常大，在水中产生强大的负压，将周遭的食物瞬间吸进嘴部，搭配它们强悍的游泳能力，堪称完美。

时至今日，以雀鳝为代表的一众全骨鱼类依旧是美洲淡水中的小霸王。

总之，从此辐鳍鱼类终于有了和菊石一战的资本。

在侏罗纪，随着盘古泛大陆的解体与全球变暖，海洋迎来了全新的繁荣时期。而命运的齿轮也在一片繁华中开始悄然转动。

随着海爬的逐渐强势以及以鲨鱼为代表的新一代软

骨鱼的强势回归，海洋的军备竞赛逐渐白热化。

神仙打架，遭殃的总是凡人。

在各种海洋巨怪无坚不摧的恐怖咬合力面前，装甲是一天比一天没用了，迫使海洋动物大规模改变生存策略，这被称为中生代海洋革命。

鬼谷说

实际的中生代海洋革命要复杂很多，也有一些通过增强叠甲来求得生机的类群，比如蟹等。

不知是不是因为菊石的身体构造限制了游速上限，尽管在晚白垩纪，菊石也做了大量提升速度的尝试，但终究未能突破自身，开始寄希望于一些花里胡哨的旁门左道。

在这一轮海洋革命中，一开始便一门心思提升游泳能力的辐鳍鱼类成了最大赢家。

海爬的压力反而给辐鳍鱼类的演化带来了一发"氮气加速"。从侏罗纪开始，一支游泳能力几乎臻于完美的辐鳍鱼类全面崛起，它们是真骨鱼类。

真骨鱼类将原本平铺式的鳞片改成了交叠式，极大减小了游泳时的湍流阻力，终于让辐鳍鱼类爬上了游泳动物的巅峰，让海爬们无可奈何。

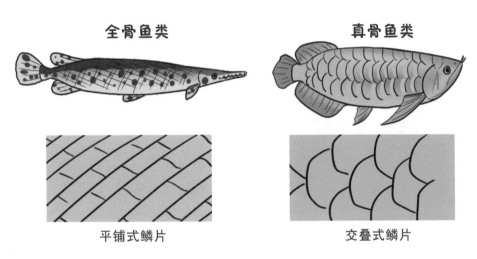

全骨鱼类　　　　　　　　真骨鱼类

平铺式鳞片　　　　　　　交叠式鳞片

从侏罗纪中晚期开始，辐鳍鱼类已经扩散到了海洋和淡水的几乎所有生态位，其中有些甚至嚣张到了敢和霸主叫板的地步。

比如生活在约1.6亿年前晚侏罗纪的利兹鱼，体长可能超过9米，或许是迄今为止最大的辐鳍鱼类，也是侏罗纪海洋

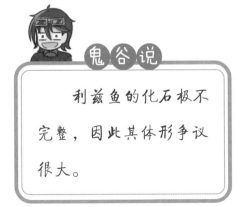

鬼谷说

利兹鱼的化石极不完整，因此其体形争议很大。

中最大的滤食动物之一。

而在晚白垩纪称雄数千万年的剑射鱼更是一度成为部分地区的顶级掠食者，在鼠鲨和沧龙之类的列强身畔闪转腾挪。

辐鳍鱼类曾经遭遇的一切如今正在又一次重演，只不过这一次，攻守之势异也。

最终在白垩纪末，随着海洋含氧量逐渐上升，菊石一类渐渐衰落——菊石脆弱的幼体必须躲在缺氧的海水中，躲避日益蛮横的掠食者。

到白垩纪末的时候，菊石的多样性已然近乎崩溃，最终在那颗命运的陨石之下，走上了和恐龙、翼龙等中生代巨星同样的末路。

而辐鳍鱼类也正式坐稳了海洋最繁盛游泳动物的宝座，直至今日，它们鲜有骇人的尖牙利爪，没有如山的魁梧体型，甚至都没出过多少为人所知的史前巨怪。这让辐鳍鱼类长期以来都难入世人的视野。

但历经3亿多年的坚持，从一介无人问津的小杂鱼，到如今脊椎动物中物种最多样的类群，它们的辉煌成功不该就这么任凭雨打风吹去。

所以我竭尽所能查阅资料，请教他人，尽力从它们破碎的演化史中管窥蠡测，为大家还原这个迷雾中的奋斗史。

毕竟考证那尘封的往事，不正是研学自然历史的乐趣所在吗？

参考资料（部分）

学术论文、综述：

Daeschler, E. B., Shubin, N. H., & Jenkins Jr, F. A. (2006). A Devoniantetrapod-like fish and the evolution of the tetrapod body plan. Nature, 440(7085), 757.

Tapanila, L., Pruitt, J., Pradel, A., Wilga, C. D., Ramsay, J. B., Schlader, R.,& Didier, D. A. (2013). Jaws for a spiral-tooth whorl: CTimages reveal novel adaptation and phylogeny in fossil Helicoprion. Biology Letters, 9(2), 20130057.

Stoyek, M. R., Smith, F. M., & Croll, R. P. (2011). Effects of alteredambient pressure on the volume and distribution of gas within the swimbladder of the adult zebrafish, Danio rerio. Journal of Experimental Biology, 214(17), 2962-2972.

专著：

The Trace-Fossil Record of Major Evolutionary Events. Volume 2. Editors: MGabriela Mángano, Luis Buatois. Publisher: Springer: Chapter9

视频、纪录片：

PBS Eons：When Fish First Breathed Air
National Geography Wild：Monster Frog

网站&网页

http://tolweb.org/tree?group=Ichthyostega_stensioei&contgroup=Terrestrial_Vertebrates

科普文章：

Esslyn Shields: Dinosaur Extinction Allowed Frogs to Flourish. howstuffworks.2017
Bob Strauss: The Carboniferous Period (350-300 Million Years Ago). thoughtco.2018
Danielle Hall: Ocean Through Time. ocean.si.edu
攀缘的井蛙：【地球演义】系列

更多资料详情，扫描二维码获取